AF340407

RÉPUBLIQUE FRANÇAISE

MINISTÈRE DE L'AGRICULTURE

ADMINISTRATION DES EAUX ET FORÊTS

EXPOSITION UNIVERSELLE INTERNATIONALE DE 1900

À PARIS

RESTAURATION ET CONSERVATION

DES TERRAINS EN MONTAGNE

LOIS DU 28 JUILLET 1860

DU 8 JUIN 1864 ET DU 4 AVRIL 1882

COMPTE RENDU SOMMAIRE DES TRAVAUX

DE 1860 À 1900

PARIS

IMPRIMERIE NATIONALE

MDCCCC

RESTAURATION ET CONSERVATION

DES TERRAINS EN MONTAGNE

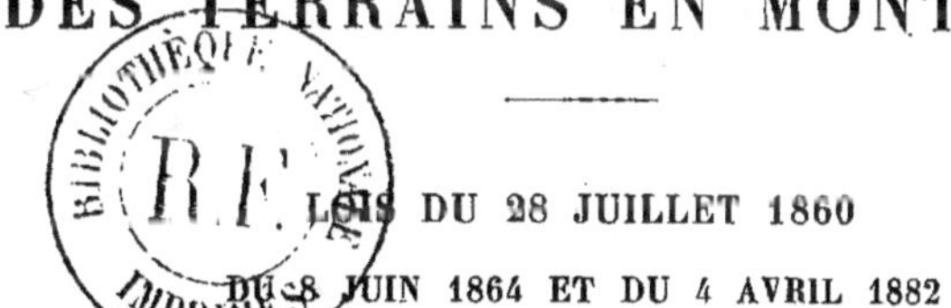

LOIS DU 28 JUILLET 1860

DU 8 JUIN 1864 ET DU 4 AVRIL 1882

COMPTE RENDU SOMMAIRE DES TRAVAUX

DE 1860 À 1900

MINISTÈRE DE L'AGRICULTURE

ADMINISTRATION DES EAUX ET FORÊTS

EXPOSITION UNIVERSELLE INTERNATIONALE DE 1900

À PARIS

RESTAURATION ET CONSERVATION

DES TERRAINS EN MONTAGNE

LOIS DU 28 JUILLET 1860

DU 8 JUIN 1864 ET DU 4 AVRIL 1882

COMPTE RENDU SOMMAIRE DES TRAVAUX

DE 1860 À 1900

PARIS

IMPRIMERIE NATIONALE

MDCCCC

RESTAURATION ET CONSERVATION
DES TERRAINS EN MONTAGNE.

LOIS DU 28 JUILLET 1860,
DU 8 JUIN 1864 ET DU 4 AVRIL 1882.

COMPTE RENDU SOMMAIRE DES TRAVAUX
DE 1860 À 1900.

A la suite de la reconnaissance effectuée de 1884 à 1886, conformément aux prescriptions de la loi du 4 avril 1882, par les agents de l'Administration des eaux et forêts, on avait été amené à constater que l'étendue des terrains sur lesquels, aux termes de l'article 2 de cette loi, les travaux de restauration devaient être déclarés d'utilité publique, s'élevait, en nombre rond, à 320,000 hectares, dont l'acquisition au compte de l'État était préalablement nécessaire en exécution de l'article 4 de la même loi.

Des études postérieures ont permis d'établir que cette étendue est exactement de 315,062 hectares, répartis, ainsi qu'il suit, en 120 périmètres, dans les trois régions montagneuses des Alpes, des Cévennes et du Plateau Central, et des Pyrénées :

RÉGIONS.	NOMBRE de PÉRIMÈTRES PRÉVUS.	ÉTENDUE des TERRAINS À PÉRIMÉTRER.
		hectares.
Alpes..............................	66	205,223
Cévennes et Plateau Central............	34	73,766
Pyrénées............................	20	36,073
Totaux................	120	315,062

Sur cette surface, 142,745 [1] hectares sont devenus déjà la propriété de l'État depuis la promulgation de la loi de 1882, tant par suite d'acquisitions amiables que d'expropriations pour cause d'utilité publique, et 94 périmètres de restauration ont été constitués, soit partiellement, soit en entier, dans les conditions suivantes :

RÉGIONS.	PÉRIMÈTRES CONSTITUÉS en tout ou en partie.	TERRAINS ACQUIS PAR L'ÉTAT dans leurs limites.
		hectares.
Alpes...........................	57	96,857
Cévennes et Plateau Central..............	24	34,640
Pyrénées........................	13	11,248
Totaux...............	94	142,745

D'autre part, tout en poursuivant l'acquisition des terrains compris dans les limites des périmètres projetés, l'Administration des eaux et forêts a pu, grâce aux ressources budgétaires dont elle dispose chaque année spécialement dans ce but, faire rentrer dans le domaine de l'État 20,229 hectares de terrains nus ou boisés situés en montagne, dont le rattachement à ces périmètres lui paraissait présenter un véritable intérêt. Son action s'étend donc actuellement, au point de vue de l'application de la loi du 4 avril 1882, sur une surface de 162,974 hectares, savoir :

Alpes...............................	113,611 hectares.
Cévennes et Plateau Central...............	37,868
Pyrénées.............................	11,495

Les dépenses effectuées pour la restauration de ces terrains, depuis l'origine des travaux jusqu'au 1er janvier 1900, se sont élevées au chiffre global de 66,418,034 francs, et celles que l'on prévoit comme nécessaires pour le complet achèvement de l'œuvre entreprise se montent à 112,270,453 francs.

[1] 22,079 hectares proviennent d'acquisitions amiables réalisées de 1860 à 1882.

La répartition de ces deux sommes est d'ailleurs la suivante :

RÉGIONS.	SOMMES DÉPENSÉES depuis l'origine des travaux.	SOMMES RESTANT À DÉPENSER pour l'achèvement des travaux.
	francs.	francs.
Alpes...........................	42,828,911	81,323,428
Cévennes et Plateau Central.............	18,278,165	14,543,201
Pyrénées.......................	5,310,958	16,403,824
Totaux..............	66,418,034	112,270,453

Si l'on considère que, sur les 3,300,000 francs alloués chaque année pour la restauration des terrains en montagne, 2,500,000 francs sont employés à l'acquisition des terrains et à l'exécution des travaux proprement dits (le reste étant affecté aux subventions accordées aux communes et aux particuliers, au roulement des sécheries et pépinières centrales, à l'achat de graines, etc.), on est amené à reconnaître que, pour son parfait achèvement, l'œuvre de la restauration des terrains en montagne exigera encore près de 45 années.

L'examen des chiffres ci-après montre d'ailleurs que l'Administration des eaux et forêts poursuit avec toute l'activité possible la mission qui lui a été confiée.

Depuis le 1er janvier 1893, 19,580,201 francs ont été dépensés sous la direction de ses agents, tant pour acquisition de terrains que pour l'exécution de travaux de diverses natures, ainsi que le fait connaître le détail ci-dessous :

Acquisitions de terrains.................	5,921,844	francs.
Travaux... { forestiers...................	5,148,376	
de correction...............	5,121,562	
auxiliaires..................	1,918,276	
Frais généraux.............	1,470,143	
Total.........	19,580,201	

Les 62,263 hectares qu'elle a acquis au compte de l'État, pendant ce laps de temps, ont porté de 100,711 hectares à 162,974 hectares l'étendue des terrains périmétrés. Une contenance de 25,331 hectares a été l'objet de travaux de reboisement par voie de semis ou de plantation, et de nombreux ouvrages de correction ont été établis sur les points les plus menacés.

La constitution des périmètres a reçu en même temps une énergique impulsion et la situation à cet égard se résume aujourd'hui comme il suit :

RÉGION DES ALPES.

66 périmètres : 9 à établir, 57 où l'on travaille :

Périmètres
- définitifs, déclarés d'utilité publique par les lois des 26 juillet 1892, 27 juillet 1895, 27 juillet 1898 et 2 décembre 1898............................. 15
- soumis au Parlement............... 8
- soumis aux enquêtes 5
- à compléter....................... 29

Total............... 57

RÉGION DES CÉVENNES ET DU PLATEAU CENTRAL.

34 périmètres : 10 à établir, 24 où l'on travaille :

Périmètres
- définitifs, déclarés d'utilité publique par les lois des 27 juillet 1895 et 27 juillet 1898 5
- soumis au Parlement............... 2
- prêts à être déposés au Parlement...... 3
- soumis aux enquêtes 1
- à compléter....................... 13

Total............... 24

RÉGION DES PYRÉNÉES.

20 périmètres : 7 à établir, 13 où l'on travaille :

Périmètres	définitifs, déclarés d'utilité publique par la loi du 27 juillet 1895.............	4
	soumis au Parlement................	1
	à compléter......................	8
	TOTAL................	13

Les trois vues photographiques annexées à la présente notice permettent de se rendre compte pour chacune des trois régions montagneuses considérées, du caractère qu'y revêtent les torrents, des dégradations qu'ils y provoquent et de la nature des moyens employés pour en obtenir l'extinction.

D'une façon générale, ceux-ci consistent, soit en *travaux de correction*, dont le but est de fixer les terrains en mouvement et de diminuer la vitesse et la force d'affouillement des eaux, à l'aide de barrages, clayonnages, drainages, etc., soit en travaux de *reboisement proprement dits*, destinés à assurer la perpétuité de la consolidation des berges, à défendre la couche superficielle du sol contre le ruissellement des eaux et à éviter leur soudaine concentration dans le fond des vallées.

L'importance relative de ces deux sortes de travaux varie, du reste, dans une large mesure, suivant la région où l'on opère.

Dans les Alpes, où l'activité des torrents atteint son maximum d'intensité par suite d'un climat tout spécial, de la dénudation et de la déclivité des versants et de la nature essentiellement affouillable d'un sol trop souvent constitué par les boues glaciaires, les marnes du lias ou les schistes lustrés du trias, l'exécution des travaux de correction s'impose dans la plupart des cas pour combattre efficacement ces terribles agents de destruction. Aussi ces travaux y sont-ils nombreux, parfois considérables, et entrent-ils pour une large part dans les dépenses effectuées chaque année (38 p. 100 en moyenne).

Bien que plus localisés, ils sont encore souvent importants dans la région des Pyrénées, dont le relief, grâce à un climat plus humide et à un sol mieux gazonné et plus résistant, est moins susceptible de se modifier sous l'action érosive des eaux, et où les torrents, tous d'ailleurs de formation relativement récente, n'exercent leurs dégâts que sur certains points particulièrement exposés par suite de la nature de leur sol, comme le sont notamment les schistes dévoniens et les dépôts morainiques qu'on y rencontre. Ils figurent encore pour 33 p. 100 dans les dépenses consacrées à la restauration des montagnes de cette région.

Par contre, les travaux de correction sont rarement indispensables à entreprendre dans les Cévennes et le Plateau Central; la dénudation absolue des sommets et des bassins de réception y a provoqué, il est vrai, sous l'influence des pluies diluviennes qui caractérisent le climat de cette région, la formation d'innombrables ravins qui labourent les flancs des montagnes, mais on n'y rencontre qu'exceptionnellement en pleine activité le torrent de grandes dimensions. Pour mettre un terme à la dégradation du sol, il suffit ici de constituer de grands massifs boisés descendant sur les pentes assez bas pour exercer une action efficace sur les ruissellements et capables d'exercer, par leur ampleur même, une influence sérieuse sur le débit des inondations. Les travaux de reboisement proprement dits priment donc de beaucoup ici ceux de correction, qui ne représentent plus que les quatre centièmes de la dépense totale.

On a joint à cette étude trois plans d'ensemble au $\frac{1}{500000}$, indiquant, pour chaque région, la répartition des périmètres de restauration et la situation des terrains acquis ou restant à acquérir par l'État dans leurs limites.

SITUATION AU 1ᵉʳ JANVIER 1900

DES PÉRIMÈTRES DE RESTAURATION

AU POINT DE VUE

1° De leur consistance;

2° Des résultats des travaux exécutés;

3° Des dépenses effectuées;

4° Des dépenses prévues pour l'achèvement des travaux.....

	CONSISTANCE DES PÉRIMÈTRES.					RÉSULTATS DES TRAVAUX.				
	TERRAINS À L'ÉTAT			CONTENANCE des PÉRIMÈTRES d'après le procès-verbal de revision et l'avant-projet, le projet ou la loi.	TERRAINS restant à ACQUÉRIR d'après l'avant-projet, le projet ou la loi.	TERRAINS				RÉFECTIONS à EXÉCUTER dans les terrains de la colonne 8.
PÉRIMÈTRES.	dans LES LIMITES des périmètres.	en dehors des LIMITES des périmètres.	TOTAL.			NATURELLEMENT boisés.	PARCOURUS par des travaux neufs de semis ou de plantation.	à REBOISER.	non SUSCEPTIBLES de reboisement.	
1	2	3	4	5	6	7	8	9	10	11
	hectares.	hectares.	hectares.	hectares.	hectares.	hectares.	hectares.	hectares.	hectares.	hectares.

I. — RÉGION

BASSES—

PÉRIMÈTRES.	2	3	4	5	6	7	8	9	10	11
Ubaye............	4,504	4,624	9,128	7,769	3,265	60	5,580	2,619	869	736
Blanche..........	1,451	3	1,454	2,751	1,300	//	1,432	//	22	347
Durance-Sasse.......	3,220	//	3,220	9,456	6,236	298	1,545	1,377	//	15
Durance-Vanson.....	3,138	62	3,200	3,828	690	100	1,015	2,085	//	43
Durance-Jabron.....	1,743	//	1,743	2,428	685	100	106	1,537	//	//
Haute Bléone.......	2,521	10	2,531	8,550	6,029	//	1,944	557	30	226
Basse Bléone.......	1,067	13	1,080	1,934	867	//	876	120	84	//
Asse supérieure.....	995	//	995	3,915	2,920	//	457	509	29	19
Asse inférieure......	682	//	682	1,591	909	//	8	674	//	//
Durance-Lauzon.....	//	181	181	1,160	1,160	//	26	155	//	//
Durance-Largue.....	//	260	260	2,680	2,680	70	//	190	//	//
Verdon supérieur....	14,761	//	14,761	22,867	8,106	50	5,455	9,221	35	176
Verdon moyen......	1,563	//	1,563	2,479	916	//	1,089	474	//	//
Verdon-Inférieur.....	444	//	444	1,957	1,513	141	303	//	//	//
Var-Collomp........	1,588	//	1,588	2,968	1,380	50	830	672	36	//
Caulon-Nesque......	//	//	//	1,200	1,200	//	//	//	//	//
TOTAUX......	37,677	5,153	42,830	77,533	39,856	869	20,666	20,190	1,105	1,562

HAUTES—

PÉRIMÈTRES.	2	3	4	5	6	7	8	9	10	11
Romanche.........	//	//	//	1,233	1,233	//	//	//	//	//
Haute Durance......	1,965	//	1,965	3,827	1,862	297	1,299	41	328	55
Guil.............	922	//	922	12,228	11,306	72	629	8	213	323
Durance d'Embrun...	2,896	//	2,896	5,680	2,784	416	1,894	21	565	13
A reporter....	5,783	//	5,783	22,968	17,185	785	3,822	70	1,106	391

DÉPENSES EFFECTUÉES.						DÉPENSES PRÉVUES pour L'ACHÈVEMENT DES TRAVAUX.	
TRAVAUX			FRAIS	TOTAL.	ACQUISITIONS	TRAVAUX	ACQUISITIONS
FORESTIERS.	de CORRECTION.	AUXILIAIRES.	GÉNÉRAUX.		de TERRAINS.	de toute nature.	de terrains.
12	13	14	15	16	17	18	19
francs.	francs.	francs.	francs.	francs.	francs.	francs.	francs.

DES ALPES.

ALPES.

12	13	14	15	16	17	18	19
1,414,530	2,890,958	373,472	251,978	4,930,938	1,357,682	6,836,552	245,863
631,468	135,245	182,194	44,732	993,639	129,702	534,000	70,700
455,537	270,447	107,922	39,059	872,965	297,646	5,135,430	689,500
201,715	17,206	32,055	22,503	273,479	386,834	1,775,410	89,960
30,542	3,179	2,068	5,704	41,493	170,563	1,388,800	91,800
530,750	309,288	120,987	76,693	1,037,718	294,479	2,653,000	886,000
163,316	180,859	45,184	38,057	427,416	142,069	617,300	115,700
151,290	72,208	27,848	11,314	262,660	86,010	1,530,000	314,137
1,097	//	125	458	1,680	52,375	448,300	77,625
1,865	50	447	1,228	3,590	15,118	112,000	104,200
575	40	90	399	1,104	25,294	263,900	242,850
734,162	61,230	252,319	68,153	1,115,864	1,263,306	1,498,700	607,950
442,540	149,839	89,760	31,053	713,192	285,008	587,800	79,500
80,495	49,693	22,023	10,107	162,318	31,500	606,000	120,000
104,972	18,510	32,977	5,734	162,193	229,472	784,300	113,000
//	//	//	//	//	//	120,000	120,000
4,944,854	4,158,752	1,289,471	607,172	11,000,249	4,767,058	24,891,492	3,968,785

ALPES.

12	13	14	15	16	17	18	19
//	//	//	//	//	//	370,000	370,000
492,375	316,727	121,738	34,289	965,129	652,717	795,000	560,000
212,014	395,470	50,445	39,609	697,538	194,072	3,560,000	2,300,000
787,754	814,774	145,777	926,768	2,675,073	658,316	1,240,000	700,000
1,492,143	1,526,971	317,960	1,000,666	4,337,740	1,505,105	5,965,000	3,930,000

3.

	CONSISTANCE DES PÉRIMÈTRES.					RÉSULTATS DES TRAVAUX.				
	TERRAINS À L'ÉTAT			CONTENANCE des PÉRIMÈTRES d'après le procès-verbal de revision et l'avant-projet, le projet ou la loi.	TERRAINS restant à ACQUÉRIR d'après l'avant-projet, le projet ou la loi.	TERRAINS				RÉFECTIONS à EXÉCUTER dans les terrains de la colonne 8.
PÉRIMÈTRES.	dans LES LIMITES des périmètres.	en dehors des LIMITES des périmètres.	TOTAL.			NATURELLEMENT boisés.	PARCOURUS par des travaux neufs de semis ou de plantation.	à REBOISER.	non SUSCEPTIBLES de reboisement.	
1	2	3	4	5	6	7	8	9	10	11
	hectares.	hectares.	hectares.	hectares.	hectares.	hectares.	hectares.	hectares.	hectares.	hectares.

I. — RÉGION

HAUTES-

PÉRIMÈTRES.	2	3	4	5	6	7	8	9	10	11
Roport........	5,783	//	5,783	22,968	17,185	785	3,822	70	1,106	391
Durance-Luye.......	2,990	//	2,990	3,948	958	304	1,715	18	953	354
Durance-Déoule.....	533	//	533	1,735	1,202	30	321	166	16	99
Petit Buech........	5,283	//	5,283	5,729	446	675	1,263	2,423	922	212
Buech supérieur.....	2,277	//	2,277	3,824	1,547	427	1,268	447	135	210
Buech inférieur.....	//	//	//	1,079	1,079	//	//	//	//	//
Oule.............	//	//	//	164	164	//	//	//	//	//
Eygues...........	98	//	98	237	139	//	//	98	//	//
Ouvèze...........	//	//	//	//	//	//	//	//	//	//
Drac supérieur......	8,627	//	8,627	11,997	3,370	78	4,184	306	4,059	328
Drac-Séveraisse.....	1,927	//	1,927	5,944	4,017	//	//	1,927	//	//
Drac-Souloise......	//	//	//	1,782	1,782	//	//	//	//	//
Totaux......	27,518	//	27,518	59,407	31,889	2,299	12,573	5,455	7,191	1,594

ALPES-

PÉRIMÈTRES.	2	3	4	5	6	7	8	9	10	11
Var supérieur.......	1,143	3,114	4,257	6,757	5,614	45	1,056	2,874	282	65
Var moyen.........	474	345	819	3,594	3,120	127	430	238	24	87
Tinée............	59	971	1,030	4,249	4,190	//	75	655	300	//
Vésubie..........	142	//	142	762	620	5	84	53	//	//
Paillon...........	821	121	942	2,246	1,425	42	766	134	//	31
Roya et Bévéra......	80	2	82	271	191	18	57	7	//	5
Estéron	137	178	315	1,741	1,604	13	118	169	15	1
Loup.............	//	//	//	172	172	//	//	//	//	//
Totaux......	2,856	4,731	7,587	19,792	16,936	250	2,586	4,130	621	189

DÉPENSES EFFECTUÉES.						DÉPENSES PRÉVUES pour L'ACHÈVEMENT DES TRAVAUX.	
TRAVAUX							
FORESTIERS.	de CORRECTION.	AUXILIAIRES.	FRAIS GÉNÉRAUX.	TOTAL.	ACQUISITIONS de TERRAINS.	TRAVAUX de toute nature.	ACQUISITIONS de terrains.
12	13	14	15	16	17	18	19
francs.	francs.	francs.	francs.	francs.	francs.	francs.	francs.

DES ALPES. (*Suite.*)

ALPES. (*Suite.*)

1,492,143	1,526,971	317,960	1,000,666	4,337,740	1,505,105	5,965,000	3,930,000
620,466	411,189	221,963	71,370	1,324,988	440,234	400,000	200,000
49,036	4,126	34,701	14,503	102,366	76,075	415,000	256,000
311,520	209,083	122,615	74,263	717,481	630,445	1,400,000	600,000
149,759	5,552	39,830	18,684	213,825	320,940	740,000	420,000
//	//	//	//	//	//	330,000	200,000
//	//	//	//	//	//	330,000	200,000
//	//	//	//	//	8,800	48,900	24,450
//	//	//	//	//	//	71,100	35,550
651,932	274,313	156,187	74,948	1,157,380	1,166,019	1,440,000	760,000
//	//	//	//	//	112,880	1,700,000	650,000
//	//	//	//	//	//	530,000	255,000
3,274,856	2,431,234	893,256	1,254,434	7,853,780	4,260,498	13,370,000	7,531,000

MARITIMES.

127,487	193,266	64,467	15,546	400,766	177,433	2,747,059	558,717
49,337	24,934	12,782	2,571	89,624	46,070	1,073,816	411,840
6,891	420	3,382	407	11,100	48,612	1,326,752	443,244
10,087	4,602	7,123	437	22,249	7,182	214,493	119,423
101,410	85,210	37,893	3,766	228,279	73,530	1,895,026	342,000
9,923	24,032	5,252	698	39,905	6,511	66,141	28,061
15,287	9,256	3,216	800	28,559	12,861	482,262	240,600
//	//	//	//	//	//	52,890	21,942
320,422	341,720	134,115	24,225	820,482	372,199	7,858,439	2,165,827

PÉRIMÈTRES.	CONSISTANCE DES PÉRIMÈTRES.					RÉSULTATS DES TRAVAUX.				
	TERRAINS À L'ÉTAT			CONTE-NANCE des PÉRIMÈTRES d'après le procès-verbal de revision et l'avant-projet, le projet ou la loi.	TERRAINS restant à ACQUÉRIR d'après l'avant-projet, le projet ou la loi.	TERRAINS				RÉFEC-TIONS à EXÉCUTER dans les terrains de la colonne 8.
	dans LES LIMITES des périmètres.	en dehors des LIMITES des péri-mètres.	TOTAL.			NATURELLE-MENT boisés.	PARCOURUS par des travaux neufs de semis ou de plantation.	à REBOISER.	NON SUSCEP-TIBLES de reboisement.	
1	2	3	4	5	6	7	8	9	10	11
	hectares.	hectares.	hectares.	hectares.	hectares.	hectares.	hectares.	hectares.	hectares.	hectares.

I. — RÉGION

BOUCHES-

PÉRIMÈTRES.	2	3	4	5	6	7	8	9	10	11
Côte Salyenne	//	801	801	//	//	400	//	401	//	//

DRÔ

PÉRIMÈTRES.	2	3	4	5	6	7	8	9	10	11
Buech supérieur	214	//	214	1,014	800	//	209	//	5	22
Haute Drôme	3,944	906	4,850	4,607	663	128	3,318	1,241	163	579
Drôme-Bez	2,151	75	2,226	3,178	1,027	2	1,718	446	60	255
Basse Drôme	4,112	2,925	7,037	6,841	2,729	508	1,499	4,769	261	342
Drôme-Roanne	448	629	1,077	1,567	1,119	60	146	863	8	//
Eygues-Oule	161	488	649	1,339	1,178	//	//	649	//	//
Eygues	112	81	193	840	728	//	//	193	//	//
Ouvèze	130	//	130	697	567	//	130	//	//	//
Haute Ouvèze	280	//	280	300	20	//	191	89	//	//
Roubion	116	9	125	383	267	//	54	71	//	//
Toulourenc (Drôme)	//	85	85	//	//	//	//	85	//	//
TOTAUX	11,668	5,198	16,866	20,766	9,098	698	7,265	8,406	497	1,198

ISÈ

PÉRIMÈTRES.	2	3	4	5	6	7	8	9	10	11
Basse Isère	161	30	191	343	182	68	15	60	48	//
Romanche	1,621	452	2,073	3,261	1,640	229	754	270	820	//
Drac moyen	958	//	958	958	//	//	725	151	82	89
Drac-Souloise	541	10	551	541	//	//	350	171	30	//
Drac-Bonne	2,568	37	2,605	2,625	57	62	663	1,082	798	28
Drac-Ébron	2,519	54	2,573	3,856	1,337	110	1,253	131	1,079	145
Drac inférieur	934	28	962	1,559	625	64	473	10	415	//
TOTAUX	9,302	611	9,913	13,143	3,841	533	4,233	1,875	3,272	262

DÉPENSES EFFECTUÉES.						DÉPENSES PRÉVUES pour L'ACHÈVEMENT DES TRAVAUX.	
TRAVAUX			FRAIS	TOTAL.	ACQUISITIONS	TRAVAUX	ACQUISITIONS
FORESTIERS.	de CORRECTION.	AUXILIAIRES.	GÉNÉRAUX.		de TERRAINS.	de toute nature.	de terrains.
12	13	14	15	16	17	18	19
francs.	francs.	francs.	francs.	francs.	francs.	francs.	francs.
DES ALPES. (Suite.)							
DU-RHÔNE.							
//	//	//	//	//	51,200	60,000	//
ME.							
67,276	23,628	3,972	708	95,584	64,154	605,191	160,000
1,052,066	457,929	115,351	41,548	1,666,894	679,611	756,670	136,000
544,417	230,870	79,842	18,349	873,478	296,754	511,340	206,500
386,382	200,954	92,945	37,396	717,677	828,529	1,957,195	572,000
28,253	6,643	6.557	4,069	45,522	119,500	1,028,496	232,000
//	//	//	//	//	69,973	700,000	126,000
//	//	//	//	//	16,213	395,000	73,000
13,086	5,407	3,166	192	21,851	5,364	330,000	60,000
26,388	21,090	2,629	//	50,107	11,349	31,500	2,000
7,462	36	488	225	8,211	15,389	114,000	30,000
//	//	//	//	//	7,671	//	//
2,125,330	946,557	304,950	102,487	3,479,324	2,114,507	6,429,392	1,597,500
RE.							
6,270	63,491	5,824	9,768	85,353	21,146	145,547	22,561
181,848	149,054	46,193	24,658	401,753	207,736	973,214	88,807
230,146	133,684	50,299	12,316	426,445	103,612	54,556	//
73,284	178,883	20,004	12,943	285,114	62,970	//	//
212,973	314,715	80,542	74,830	683,060	162,780	723,865	57,070
417,804	282,680	103,029	43,907	847,420	245,869	650,952	234,500
125,295	45,774	20,959	20,152	212,180	93,346	180,363	42,540
1,247,620	1,168,281	326,850	198,574	2,941,325	897,459	2,728,497	445,478

PÉRIMÈTRES.	CONSISTANCE DES PÉRIMÈTRES.			CONTE-NANCE des PÉRIMÈTRES d'après le procès-verbal de revision et l'avant-projet, le projet ou la loi.	TERRAINS restant à ACQUÉRIR d'après l'avant-projet, le projet ou la loi.	RÉSULTATS DES TRAVAUX.				RÉFEC-TIONS à exécuter dans les terrains de la colonne 8.
	TERRAINS À L'ÉTAT		TOTAL.			TERRAINS				
	dans LES LIMITES des périmètres.	en dehors des LIMITES des péri-mètres.				NATURELLE-MENT boisés.	PARCOURUS par des travaux neufs de semis ou de plantation.	à REBOISER.	non SUSCEP-TIBLES de reboisement.	
1	2	3	4	5	6	7	8	9	10	11
	hectares.	hectares.	hectares.	hectares.	hectares.	hectares.	hectares.	hectares.	hectares.	hectares.

I. — RÉGION SA...

PÉRIMÈTRES.	2	3	4	5	6	7	8	9	10	11
Haute Isère	1,273	21	1,294	1,302	29	70	455	645	124	80
Arc inférieur	//	//	//	1,984	1,984	//	//	//	//	//
Arc supérieur	2,515	5	2,520	3,082	567	78	261	1,882	299	2
Totaux	3,788	26	3,814	6,368	2,580	148	716	2,527	423	82

HAUTE-...

PÉRIMÈTRES.	2	3	4	5	6	7	8	9	10	11
Arve	149	84	233	989	840	15	53	99	66	//
Fier	257	//	257	699	442	52	//	205	//	//
Dranse	//	//	//	388	388	//	//	//	//	//
Totaux	406	84	490	2,076	1,670	67	53	304	66	//

VAU...

PÉRIMÈTRES.	2	3	4	5	6	7	8	9	10	11
Toulourenc	2,892	150	3,042	3,038	146	191	2,584	267	//	109
Sorgue	750	//	750	3,100	2,350	82	246	422	//	30
Totaux	3,642	150	3,792	6,138	2,496	273	2,830	689	//	139

DÉPENSES EFFECTUÉES.						DÉPENSES PRÉVUES pour L'ACHÈVEMENT DES TRAVAUX.	
TRAVAUX		AUXILIAIRES.	FRAIS GÉNÉRAUX.	TOTAL.	ACQUISITIONS de TERRAINS.	TRAVAUX de toute nature.	ACQUISITIONS de terrains.
FORESTIERS.	de CORRECTION.						
12	13	14	15	16	17	18	19
francs.	francs.	francs.	francs.	francs.	francs.	francs.	francs.

DES ALPES. (*Suite.*)

VOIE.

12	13	14	15	16	17	18	19
71,049	1,002,127	144,355	30,994	1,248,525	130,460	1 209,782	5,800
"	"	"	"	"	"	3,632,100	262,512
51,714	1,041,151	173,336	27,697	1,293,898	323,743	693,923	84,900
122,763	2,043,278	317,691	58,691	2,542,423	454,203	5,535,805	353,212

SAVOIE.

12	13	14	15	16	17	18	19
15,443	217,570	71,146	13,757	317,916	17	2,339,387	120,365
"	8,757	213	1,336	10,306	32,711	428,000	133,000
"	"	"	"	"	"	934,920	90,080
15,443	226,327	71,359	15,093	328,222	32,728	3,702,307	343,445

CLUSE.

12	13	14	15	16	17	18	19
372,159	17,928	42,081	12,555	444,723	359,779	222,000	34,000
34,791	"	8,375	5,317	48,483	60,269	450,964	235,285
406,950	17,928	50,456	17,872	493,206	420,048	672,964	269,285

PÉRIMÈTRES.	CONSISTANCE DES PÉRIMÈTRES.					RÉSULTATS DES TRAVAUX.				RÉFECTIONS à exécuter dans les terrains de la colonne 8.
	TERRAINS À L'ÉTAT		TOTAL.	CONTENANCE des PÉRIMÈTRES d'après le procès-verbal de revision et l'avant-projet, le projet ou la loi.	TERRAINS restant à acquérir d'après l'avant-projet, le projet ou la loi.	TERRAINS			non susceptibles de reboisement.	
	dans LES LIMITES des périmètres.	en dehors des LIMITES des périmètres.				NATURELLEMENT boisés.	PARCOURUS par des travaux neufs de semis ou de plantation.	à REBOISER.		
1	2	3	4	5	6	7	8	9	10	11
	hectares.	hectares.	hectares.	hectares.	hectares.	hectares.	hectares.	hectares.	hectares.	hectares.

II. — RÉGION DES CÉVENNES

ARDÈ

PÉRIMÈTRES.	2	3	4	5	6	7	8	9	10	11
Érieux	1,047	//	1 047	2,939	1,892	//	1,047	//	//	65
Ouvèze	15	14	29	462	447	//	//	29	//	//
Ouvèze inférieure	//	//	//	468	468	//	//	//	//	//
Mialan	//	//	//	185	185	//	//	//	//	//
Ardèche supérieure	2,742	222	2,964	4,555	1,813	394	2,382	180	8	227
Ardèche moyenne	830	210	1,040	2,815	1,985	61	848	131	//	124
Chassézac	152	132	284	1,567	1,415	4	272	1	7	10
Allier	//	//	//	600	600	//	//	//	//	//
Totaux	4 786	578	5,364	13,591	8,805	459	4,549	341	15	426

AUDE

PÉRIMÈTRES.	2	3	4	5	6	7	8	9	10	11
Argent-Double	2,156	//	2,156	2,156	//	18	2,138	//	//	786
Orbiel	//	//	//	333	333	//	//	//	//	//
Totaux	2,156	//	2,156	2,489	333	18	2,138	//	//	786

AVEY

PÉRIMÈTRES.	2	3	4	5	6	7	8	9	10	11
Tarn	//	//	//	517	517	//	//	//	//	//

GA

PÉRIMÈTRES.	2	3	4	5	6	7	8	9	10	11
Dourbie	3,931	2	3,933	5,466	1,535	449	2,824	660	//	291
Hérault	3,750	4	3.754	6,570	2,820	192	2,684	878	//	718
A reporter	7,681	6	7,687	12,036	4,355	641	5,508	1,538	//	1,009

DÉPENSES EFFECTUÉES.						DÉPENSES PRÉVUES pour L'ACHÈVEMENT DES TRAVAUX.	
TRAVAUX			FRAIS	TOTAL.	ACQUISITIONS	TRAVAUX	ACQUISITIONS
FORESTIERS.	de CORRECTION.	AUXILIAIRES.	GÉNÉRAUX.		de TERRAINS.	de toute nature.	de terrains.
12	13	14	15	16	17	18	19
francs.	francs.	francs.	francs.	francs.	francs.	francs.	francs.

ET DU PLATEAU CENTRAL.

CHE.

159,822	19,524	24,807	7,007	211,160	494,949	410,251	280,947
//	//	//	//	//	8,389	77,952	41,137
//	//	//	//	//	//	91,148	45,381
//	//	//	//	//	//	20,620	32,604
302,555	57,175	79,644	24,287	463,661	1,014,525	442,442	374,518
120,912	23,717	39,509	11,576	195,714	315,281	433,299	247,581
45,700	2,012	11,775	4,258	63,745	81,382	282,170	196,947
//	//	//	//	//	//	90,000	72,000
628,989	102,428	155,735	47,128	934,280	1,914,526	1,847,882	1,291,115

(PARTIE).

455,167	44,370	19,679	19,966	539,182	877,921	29,000	//
//	//	//	//	//	//	90,000	80,000
455,167	44,370	19,679	19,966	539,182	877,921	119,000	80,000

RON.

//	//	//	//	//	//	53,098	65,100

RD.

498,176	32,907	151,736	41,297	724,116	906,901	280,000	240,000
374,743	20,229	170,783	45,481	611,236	677,582	470,000	430,000
872,919	53,136	322,519	86,778	1,335,352	1,584,483	750,000	670,000

PÉRIMÈTRES.	CONSISTANCE DES PÉRIMÈTRES.					RÉSULTATS DES TRAVAUX.				
	TERRAINS À L'ÉTAT		TOTAL.	CONTE-NANCE des PÉRIMÈTRES d'après le procès-verbal de revision et l'avant-projet, le projet ou la loi.	TERRAINS restant à ACQUÉRIR d'après l'avant-projet, le projet ou la loi.	TERRAINS				RÉFEC-TIONS à EXÉCUTER dans les ter-rains de la colonne 8.
	dans LES LIMITES des périmètres.	en dehors des LIMITES des péri-mètres.				NATURELLE-MENT boisés.	parcourus par des tra-vaux neufs de semis ou de plan-tation.	à REBOISER.	non SUSCEP-TIBLES de reboi-sement.	
1	2	3	4	5	6	7	8	9	10	11
	hectares.	hectares.	hectares.	hectares.	hectares.	hectares.	hectares.	hectares.	hectares.	hectares.

II. — RÉGION DES CÉVENNES ET

GARD.

PÉRIMÈTRES	2	3	4	5	6	7	8	9	10	11
Report.....	7,681	6	7,687	12,036	4,355	641	5,508	1,538	//	1,009
Cèze.............	1,931	//	1,931	3,632	1,701	//	1,930	1	//	309
Gardon...........	1	//	1	2,352	2,351	//	//	1	//	//
Chassézac.........	188	//	188	292	104	//	173	15	//	12
Totaux.......	9,801	6	9,807	18,312	8,511	641	7,611	1,555	//	1,330

HÉ

PÉRIMÈTRES	2	3	4	5	6	7	8	9	10	11
Argent-Double......	//	//	//	560	560	//	//	//	//	//
Cesse-Ognon........	//	//	//	1,700	1,700	//	//	//	//	//
Orb supérieur......	//	//	//	2,000	2,000	//	//	//	//	//
Orb moyen........	//	402	402	2,000	2,000	//	402	//	//	80
Jaur.............	3,851	608	4,459	4,351	500	//	4,459	//	//	1,519
Lergue...........	1,258	157	1,415	1,758	500	//	1,312	103	//	38
Hérault inférieur....	//	778	778	//	//	628	//	150	//	//
Totaux.......	5,109	1,945	7,054	12,369	7,260	628	6,173	253	//	1,637

LO

PÉRIMÈTRES	2	3	4	5	6	7	8	9	10	11
Allier-Supérieur.....	233	//	233	1,758	1,525	//	41	192	//	24
Chassézac..........	297	//	297	2,097	1,800	//	172	125	//	52
Lot supérieur	2,450	127	2,577	3,253	803	//	2,570	//	7	515
Valdonnez	2,038	14	2,052	2,038	//	//	2,052	//	//	280
A reporter..	5,018	141	5,159	9,146	4,128	//	4,835	317	7	871

DÉPENSES EFFECTUÉES.						DÉPENSES PRÉVUES pour L'ACHÈVEMENT DES TRAVAUX.	
TRAVAUX			FRAIS	TOTAL.	ACQUISITIONS	TRAVAUX	ACQUISITIONS
FORESTIERS.	de CORRECTION.	AUXILIAIRES.	GÉNÉRAUX.		de TERRAINS.	de toute nature.	de terrains.
12	13	14	15	16	17	18	19
francs.	francs.	francs.	francs.	francs.	francs.	francs.	francs.

DU PLATEAU CENTRAL. (*Suite.*)

(Suite.)

FORESTIERS.	de CORRECTION.	AUXILIAIRES.	FRAIS GÉNÉRAUX.	TOTAL.	ACQUISITIONS de TERRAINS.	TRAVAUX de toute nature.	ACQUISITIONS de terrains.
872,919	53,136	322,519	86,778	1,335,352	1,584,483	750,000	670,000
488,684	38,159	184,482	46,290	757,615	724,298	270,000	255,000
//	//	//	//	//	133	400,000	350,000
51,819	4,422	7,905	1,375	65,521	44,453	27,000	23,000
1,413,422	95,717	514,906	134,443	2,158,488	2,353,367	1,447,000	1,298,000

BAULT.

FORESTIERS.	de CORRECTION.	AUXILIAIRES.	FRAIS GÉNÉRAUX.	TOTAL.	ACQUISITIONS de TERRAINS.	TRAVAUX de toute nature.	ACQUISITIONS de terrains.
//	//	//	//	//	//	140,000	55,000
//	//	//	//	//	//	430,000	172,000
//	//	//	//	//	//	500,000	200,000
46,976	//	18,503	2,356	67,835	50,226	515,000	200,000
1,116,602	1,046	158,689	78,904	1,355,241	854,661	352,000	50,000
317,852	943	34,271	10,311	363,377	212,268	151,150	50,000
675	//	4,661	110	5,446	31,037	30,000	//
1,482,105	1,989	216,124	91,681	1,791,899	1,148,192	2,118,150	727,000

ZÈRE.

FORESTIERS.	de CORRECTION.	AUXILIAIRES.	FRAIS GÉNÉRAUX.	TOTAL.	ACQUISITIONS de TERRAINS.	TRAVAUX de toute nature.	ACQUISITIONS de terrains.
2,781	//	2,052	1,505	6,338	26,251	435,000	168,000
15,565	1,540	4,948	2,014	24,067	32,739	504,000	198,000
592,776	20,411	113,191	17,449	743,827	1,369,389	487,329	103,406
424,291	27,029	91,067	11,431	553,818	1,032,444	395,182	//
1,035,413	48,980	211,258	32,399	1,328,050	2,460,823	1,821,511	469,406

PÉRIMÈTRES.	CONSISTANCE DES PÉRIMÈTRES.					RÉSULTATS DES TRAVAUX.				
	TERRAINS À L'ÉTAT		TOTAL.	CONTENANCE des PÉRIMÈTRES d'après le procès-verbal de revision et l'avant-projet, le projet ou la loi.	TERRAINS restant à ACQUÉRIR d'après l'avant-projet, le projet ou la loi.	TERRAINS			RÉFECTIONS à EXÉCUTER dans les terrains de la colonne 8.
	dans LES LIMITES des périmètres.	en dehors des LIMITES des périmètres.				NATURELLEMENT boisés.	PARCOURUS par des travaux neufs de semis ou de plantation.	à REBOISER.	non SUSCEPTIBLES de reboisement.	
1	2	3	4	5	6	7	8	9	10	11
	hectares.	hectares.	hectares.	hectares.	hectares.	hectares.	hectares.	hectares.	hectares.	hectares.

II. — RÉGION DES CÉVENNES ET

LOZÈRE.

Report.....	5,018	141	5,159	9,146	4,128	"	4,835	817	"	871
Tarn............	3,770	558	4,328	7,294	3,524	"	2,088	2,240	"	284
Cèze.............	"	"	"	1,361	1,361	"	"	"	"	"
Gardons..........	"	"	"	1,631	1,631	"	"	"	"	"
Totaux.......	8,788	699	9,487	19,432	10,644	"	6,923	2,557	7	1,155

HAUTE-

Loire-Inférieure	2,035	"	2,035	2,215	180	"	1,993	1	41	323
Lignon...........	1,189	"	1,189	1,420	231	"	1,189	"	"	329
Allier............	188	"	188	2,833	2,645	"	188	"	"	155
Totaux.......	3,412	"	3,412	6,468	3,056	"	3,370	1	41	807

PUY-DE-

Sioule...........	588	"	588	588	"	"	588	"	"	12

III. — RÉGION

ARIÈ

Haute Ariège.......	236	"	236	578	342	35	125	29	47	24
Aude moyenne......	27	"	27	73	46	"	"	27	"	"
Vicdessos	1,375	"	1,375	1,577	202	265	535	575	"	274
Salat	1,281	"	1,281	1,429	148	711	269	301	"	35
Totaux.......	2,919	"	2,919	3,657	738	1,011	929	932	47	333

DÉPENSES EFFECTUÉES.						DÉPENSES PRÉVUES pour L'ACHÈVEMENT DES TRAVAUX.	
TRAVAUX			FRAIS	TOTAL.	ACQUISITIONS	TRAVAUX	ACQUISITIONS
FORESTIERS.	de CORRECTION.	AUXILIAIRES.	GÉNÉRAUX.		de TERRAINS.	de toute nature.	de terrains.
12	13	14	15	16	17	18	19
francs.	francs.	francs.	francs.	francs.	francs.	francs.	francs.

DU PLATEAU CENTRAL. (*Suite.*)

(*Suite.*)

1,035,413	48,980	211,258	32,399	1,328,050	2,460,823	1,821,511	469,406
179,223	24,428	51,756	8,444	263,851	568,631	654,653	637,165
n	*n*	*n*	*n*	*n*	*n*	173,000	154,509
n	*n*	*n*	*n*	*n*	*n*	231,950	266,656
1,214,636	73,408	263,014	40,843	1,591,901	3,029,454	2,881,114	1,527,736

LOIRE.

378,150	5,972	44,113	55,700	483,935	530,900	25,329	45,000
216,056	100	24,174	44,894	285,224	276,989	20,011	58,750
37,629	*n*	5,886	449	43,964	59,149	277,666	661,250
631,835	6,072	74,173	101,043	813,123	867,038	323,006	765,000

DÔME.

76,326	4,160	67,416	21,007	168,909	89,885	*n*	*n*

DES PYRÉNÉES.

GE.

28,446	7,046	11,415	3,500	50,407	*n*	504,185	94,237
n	*n*	*n*	*n*	*n*	*n*	77,000	30,919
138,051	53,900	117,898	52,835	362,684	*n*	807,194	148,783
38,384	*n*	3,234	1,356	42,974	105,923	241,592	55,408
204,881	60,946	132,547	57,691	456,065	105,923	1,629,971	329,347

PÉRIMÈTRES.	CONSISTANCE DES PÉRIMÈTRES.					RÉSULTATS DES TRAVAUX.				RÉFEC-TIONS
	TERRAINS À L'ÉTAT		TOTAL.	CONTE-NANCE des PÉRIMÈTRES d'après le procès-verbal de revision et l'avant-projet, le projet ou la loi.	TERRAINS restant à ACQUÉRIR d'après l'avant-projet, le projet ou la loi.	TERRAINS				à EXÉCUTER dans les terrains de la colonne 8.
	dans LES LIMITES des périmètres.	en dehors des LIMITES des périmètres.				NATURELLE-MENT boisés.	PARCOURUS par des travaux neufs de semis ou de plantation.	à REBOISER.	non SUSCEP-TIBLES de reboisement.	
1	2	3	4	5	6	7	8	9	10	11
	hectares.	hectares.	hectares.	hectares.	hectares.	hectares.	hectares.	hectares.	hectares.	hectares.

III. — RÉGION

AUDE

PÉRIMÈTRES.	2	3	4	5	6	7	8	9	10	11
Aude moyenne	8	//	8	2.586	2,578	8	//	//	//	//
Agly supérieur	321	//	321	7,786	7,465	195	//	126	//	//
Aude inférieure	2,700	//	2,700	5,089	2,389	402	1,936	362	//	123
Orbieu	1,863	//	1,863	5,277	3.414	772	//	1,091	//	//
Berre	//	//	//	2,848	2,848	//	//	//	//	//
Totaux	4,892	//	4,892	23,586	18,694	1,377	1,936	1,579	//	123

HAUTE-

PÉRIMÈTRES.	2	3	4	5	6	7	8	9	10	11
La Garonne	//	//	//	131	131	//	//	//	//	//
La Pique	481	//	481	1,380	899	336	109	30	6	10
Totaux	481	//	481	1,511	1,030	336	109	30	6	10

HAUTES-

PÉRIMÈTRES.	2	3	4	5	6	7	8	9	10	11
Gave de Pau	325	46	371	1,100	775	200	97	18	56	72
Bastan	535	//	535	824	289	//	535	//	//	272
Neste-de-Louron	//	//	//	216	216	//	//	//	//	//
Totaux	860	46	906	2,140	1,280	200	632	18	56	344

	DÉPENSES EFFECTUÉES.					DÉPENSES PRÉVUES pour L'ACHÈVEMENT DES TRAVAUX.	
TRAVAUX			FRAIS	TOTAL.	ACQUISITIONS de	TRAVAUX de	ACQUISITIONS de
FORESTIERS.	de CORRECTION.	AUXILIAIRES.	GÉNÉRAUX.		TERRAINS.	toute nature.	terrains.
12	13	14	15	16	17	18	19
francs.	francs.	francs.	francs.	francs.	francs.	francs.	francs.

DES PYRÉNÉES. (*Suite.*)

—

PARTIE).

ll	*ll*	*ll*	*ll*	*ll*	*ll*	860,000	644,500
ll	*ll*	*ll*	*ll*	*ll*	*ll*	2,453,000	949,500
391,450	11,025	23,199	9,591	435,265	611,154	1,224,735	582,613
ll	*ll*	*ll*	*ll*	*ll*	126,004	1,500,000	340,000
ll	*ll*	*ll*	*ll*	*ll*	*ll*	1,000,000	280,000
391,450	11,025	23,199	9,591	435,265	737,158	7,037,735	2,796,613

GARONNE.

ll	*ll*	*ll*	*ll*	*ll*	*ll*	43,665	32,242
70,985	191,475	44,006	29,374	335,840	10,339	287,306	123,036
70,985	191,475	44,006	29,374	335,840	10,339	330,971	155,278

PYRÉNÉES.

198,833	56,709	116,264	38,941	410,747	*ll*	639,720	93,500
343,743	547,114	70,475	23,410	984,742	59,239	555,216	55,413
ll	*ll*	*ll*	*ll*	*ll*	*ll*	90,700	42,500
542,576	603,823	186,739	62,351	1,395,489	59,239	1,285,636	191,413

PÉRIMÈTRES et DÉPARTEMENTS.	CONSISTANCE DES PÉRIMÈTRES.					RÉSULTATS DES TRAVAUX.				RÉFEC-TIONS à exécuter dans les terrains de la colonne 8.
	TERRAINS À L'ÉTAT			CONTE-NANCE des périmètres d'après le procès-verbal de revision et l'avant-projet, le projet ou la loi.	TERRAINS restant à acquérir d'après l'avant-projet, le projet ou la loi.	TERRAINS				
	dans les limites des périmètres.	en dehors des limites des périmètres.	TOTAL.			NATURELLEMENT boisés.	PARCOURUS par des travaux neufs de semis ou de plantation.	à reboiser.	non susceptibles de reboisement.	
1	2	3	4	5	6	7	8	9	10	11
	hectares.	hectares.	hectares.	hectares.	hectares.	hectares.	hectares.	hectares.	hectares.	hectares.

III. — RÉGION

PYRÉNÉES-

PÉRIMÈTRES et DÉPARTEMENTS.	2	3	4	5	6	7	8	9	10	11
Aude supérieure.	//	//	//	10	10	//	//	//	//	//
Sègre.	//	:	//	530	530	//	//	//	//	//
Tet supérieure.	971	12	983	1,135	164	101	737	//	145	444
Tet inférieure.	1,125	189	1,314	1,792	667	98	1,153	//	63	402
Agly inférieur.	//	//	//	982	982	//	//	//	//	//
Le Tech.	//	//	//	730	730	//	//	//	//	//
Totaux.	2,096	201	2,297	5,179	3,083	199	1,890	//	208	846

RÉCAPI

RÉGION

PÉRIMÈTRES et DÉPARTEMENTS.	2	3	4	5	6	7	8	9	10	11
Basses-Alpes.	37,677	5,153	42,830	77,533	39,856	869	20,666	30,190	1,105	1,562
Hautes-Alpes	27,518	//	27,518	59,407	31,889	2,299	12,573	5,455	7,191	1,594
Alpes-Maritimes	2,856	4,731	7,587	19,792	16,936	250	2,586	4,130	621	189
Bouches-du-Rhône. . . .	//	801	801	//	//	400	//	401	//	//
Drôme.	11,668	5,198	16,866	20,766	9,098	698	7,265	8,406	497	1,198
Isère.	9,302	611	9,913	13,143	3,841	533	4,233	1,875	3,272	262
Savoie	3,788	26	3,814	6,368	2,580	148	716	2,527	423	82
Haute-Savoie	406	84	490	2,076	1,670	67	53	304	66	//
Vaucluse.	3,642	150	3,792	6,138	2,496	273	2,830	689	//	139
Totaux.	96,857	16,754	113,611	205,223	108,366	5,537	50,922	43,977	13,175	5,026

	DÉPENSES EFFECTUÉES.						DÉPENSES PRÉVUES pour L'ACHÈVEMENT DES TRAVAUX.	
TRAVAUX								
FORESTIERS.	de CORRECTION.	AUXILIAIRES.	FRAIS GÉNÉRAUX.	TOTAL.	ACQUISITIONS de TERRAINS.	TRAVAUX de toute nature.	ACQUISITIONS de terrains.
12	13	14	15	16	17	18	19
francs.	francs.	francs.	francs.	francs.	francs.	francs.	francs.

DES PYRÉNÉES. (*Suite.*)

ORIENTALES.

//	//	//	//	//	//	4,000	2,500
//	//	//	//	//	//	200,000	132,500
267,104	163,833	62,112	39,900	532,949	311,006	67,600	43,720
310,936	215,166	64,079	21,627	611,808	319,877	303,300	127,940
//	//	//	1	//	//	460,000	147,300
//	//	//	//	//	//	720,000	438,000
578,040	378,999	126,191	61,527	1,144,757	630,883	1,754,900	891,960

RÉCAPITULATION.

DES ALPES.

4,944,854	4,158,752	1,289,471	607,172	11,000,249	4,767,058	24,891,492	3,968,785
3,274,856	2,431,234	893,256	1,254,434	7,853,780	4,260,498	13,370,000	7,531,000
320,422	341,720	134,115	24,225	820,482	372,199	7,858,439	2,165,827
//	//	//	//	//	51,200	60,000	//
2,125,330	946,557	304,950	102,487	3,479,324	2,114,507	6,429,392	1,597,500
1,247,620	1,168,281	326,850	198,574	2,941,325	897,459	2,728,497	445,478
122,763	2,043,278	317,691	58,691	2,542,423	454,203	5,535,805	353,212
15,443	226,327	71,359	15,093	328,222	32,728	3,702,307	343,445
406,950	17,928	50,456	17,872	493,206	420,048	672,964	269,285
12,458,238	11,334,077	3,388,148	2,278,548	29,459,011	13,369,900	65,248,896	16,674,532

DÉPARTEMENTS.	CONSISTANCE DES PÉRIMÈTRES.					RÉSULTATS DES TRAVAUX.				
	TERRAINS À L'ÉTAT			CONTE-NANCE des PÉRIMÈTRES d'après le procès-verbal de revision et l'avant-projet, le projet ou la loi.	TERRAINS restant à ACQUÉRIR d'après l'avant-projet, le projet ou la loi.	TERRAINS.				RÉFEC-TIONS à EXÉCUTER dans les terrains de la colonne 8.
	dans LES LIMITES des périmètres.	en dehors des LIMITES des péri-mètres.	TOTAL.			NATURELLE-MENT boisés.	PARCOURUS par des travaux neufs de semis ou de plan-tation.	à REBOISER.	non SUSCEP-TIBLES de reboi-sement.	
1	2	3	4	5	6	7	8	9	10	11
	hectares.	hectares.	hectares.	hectares.	hectares.	hectares.	hectares.	hectares.	hectares.	hectares.

RÉCAPITU[...]

RÉGION DES CÉVENNES

DÉPARTEMENTS.	2	3	4	5	6	7	8	9	10	11
Ardèche............	4,786	578	5,364	13,591	8,805	459	4,549	341	15	426
Aude (partie).......	2,156	//	2,156	2,489	333	18	2,138	//	//	786
Aveyron	//	//	//	517	517	//	//	//	//	//
Gard..............	9,801	6	9,807	18,312	8,511	641	7,611	1,555	//	1,330
Hérault...........	5,109	1,945	7,054	12,369	7,260	628	6,173	253	//	1,637
Lozère	8,788	699	9,487	19,432	10,644	//	6,923	2,557	7	1,155
Haute-Loire	3,412	//	3,412	6,468	3,056	//	3,370	1	41	807
Puy-de-Dôme.......	588	//	588	588	//	//	588	//	//	12
Totaux.....	34,640	3,228	37,868	73,766	39,126	1,746	31,352	4,707	63	6,153

RÉGION DES [...]

DÉPARTEMENTS.	2	3	4	5	6	7	8	9	10	11
Ariège.............	2,919	//	2,919	3,657	738	1,011	929	932	47	333
Aude (partie).......	4,892	//	4,892	23,586	18,694	1,377	1,936	1,579	//	123
Haute-Garonne......	481	//	481	1,511	1,030	336	109	30	6	10
Hautes-Pyrénées.....	860	46	906	2,140	1,280	200	632	18	56	344
Pyrénées-Orientales..	2,096	201	2,297	5,179	3,083	199	1,890	//	208	846
Totaux.....	11,248	247	11,495	36,073	24,825	3,123	5,496	2,559	317	1,656

DÉPENSES EFFECTUÉES.						DÉPENSES PRÉVUES pour L'ACHÈVEMENT DES TRAVAUX.	
TRAVAUX			FRAIS GÉNÉRAUX.	TOTAL.	ACQUISITIONS de TERRAINS.	TRAVAUX de toute nature.	ACQUISITIONS de terrains.
FORESTIERS.	de CORRECTION.	AUXILIAIRES.					
12	13	14	15	16	17	18	19
francs.	francs.	francs.	francs.	francs.	francs.	francs.	francs.

LATION. (*Suite.*)

T DU PLATEAU CENTRAL.

12	13	14	15	16	17	18	19
628,989	102,428	155,735	47,128	934,280	1,914,526	1,847,882	1,291,115
455,167	44,370	19,679	19,966	539,182	877,921	119,000	80,000
"	"	"	"	"	"	53,098	65,100
,413,422	95,717	514,906	134,443	2,158,488	2,353,367	1,447,000	1,298,000
,482,105	1,989	216,124	91,681	1,791,899	1,148,192	2,118,150	727,000
,214,636	73,408	263,014	40,843	1,591,901	3,029,454	2,881,114	1,527,736
031,835	6,072	74,173	101,043	813,123	867,038	323,006	765,000
76,326	4,160	67,416	21,007	168,909	89,885	"	"
,902,480	328,144	1,311,047	456,111	7,997,782	10,280,383	8,789,250	5,753,951

PYRÉNÉES.

12	13	14	15	16	17	18	19
204,881	60,946	132,547	57,691	456,065	105,923	1,629,971	329,347
391,450	11,025	23,199	9,591	435,265	737,158	7,037,735	2,796,613
70,985	191,475	44,006	29,374	335,840	10,339	330,971	155,278
542,576	603,823	186,739	62,351	1,395,489	59,239	1,285,636	191,413
578,040	378,999	126,191	61,527	1,144,757	630,883	1,754,900	891,960
1,787,932	1,246,268	512,682	220,534	3,767,416	1,543,542	12,039,213	4,364,611

RÉGIONS.	CONSISTANCE DES PÉRIMÈTRES.					RÉSULTATS DES TRAVAUX.				RÉFEC-TIONS à EXÉCUTER dans les terrains de la colonne 8.
	TERRAINS À L'ÉTAT		TOTAL.	CONTE-NANCE des PÉRIMÈTRES d'après le procès-verbal de revision et l'avant-projet, le projet ou la loi.	TERRAINS restant à ACQUÉRIR d'après l'avant-projet, le projet ou la loi.	TERRAINS.			non SUSCEP-TIBLES de reboi-sement.	
	dans LES LIMITES des périmètres.	en dehors des LIMITES des péri-mètres.				NATURELLE-MENT boisés.	PARCOURUS par des tra-vaux neufs de semis ou de plan-tation.	à REBOISER.		
1	2	3	4	5	6	7	8	9	10	11
	hectares.	hectares.	hectares.	hectares.	hectares.	hectares.	hectares.	hectares.	hectares.	hectares.

RÉCAPITULATION

RÉGIONS.	2	3	4	5	6	7	8	9	10	11
Région des Alpes	96,857	16,754	113,611	205,223	108,366	5,537	50,922	43,977	13,175	5,026
Région des Cévennes et du Plateau Central.	34,640	3,228	37,868	73,766	39,126	1,746	31,352	4,707	63	6,153
Région des Pyrénées..	11,248	247	11,495	36,073	24,825	3,123	5,496	2,559	317	1,656
Totaux.....	142,745	20,229	162,974	315,062	172,317	10,406	87,770	51,243	13,555	12,835

DÉPENSES EFFECTUÉES.						DÉPENSES PRÉVUES pour L'ACHÈVEMENT DES TRAVAUX.	
TRAVAUX							
FORESTIERS.	de CORRECTION.	AUXILIAIRES.	FRAIS GÉNÉRAUX.	TOTAL.	ACQUISITIONS de TERRAINS.	TRAVAUX de toute nature.	ACQUISITIONS de terrains.
12	13	14	15	16	17	18	19
francs.	francs.	francs.	francs.	francs.	francs.	francs.	francs.
2,458,238	11,334,077	3,388,148	2,278,548	29,459,011	13,369,900	65,248,896	16,674,532
5,902,480	328,144	1,311,047	456,111	7,997,782	10,280,383	8,789,250	5,753,951
1,787,932	1,246,268	512,682	220,534	3,767,416	1,543,542	12,039,213	4,364,611
0,148,650	12,908,489	5,211,877	2,955,193	41,224,209	25,193,825	86,0[illegible],389	26,793,094

GÉNÉRALE.

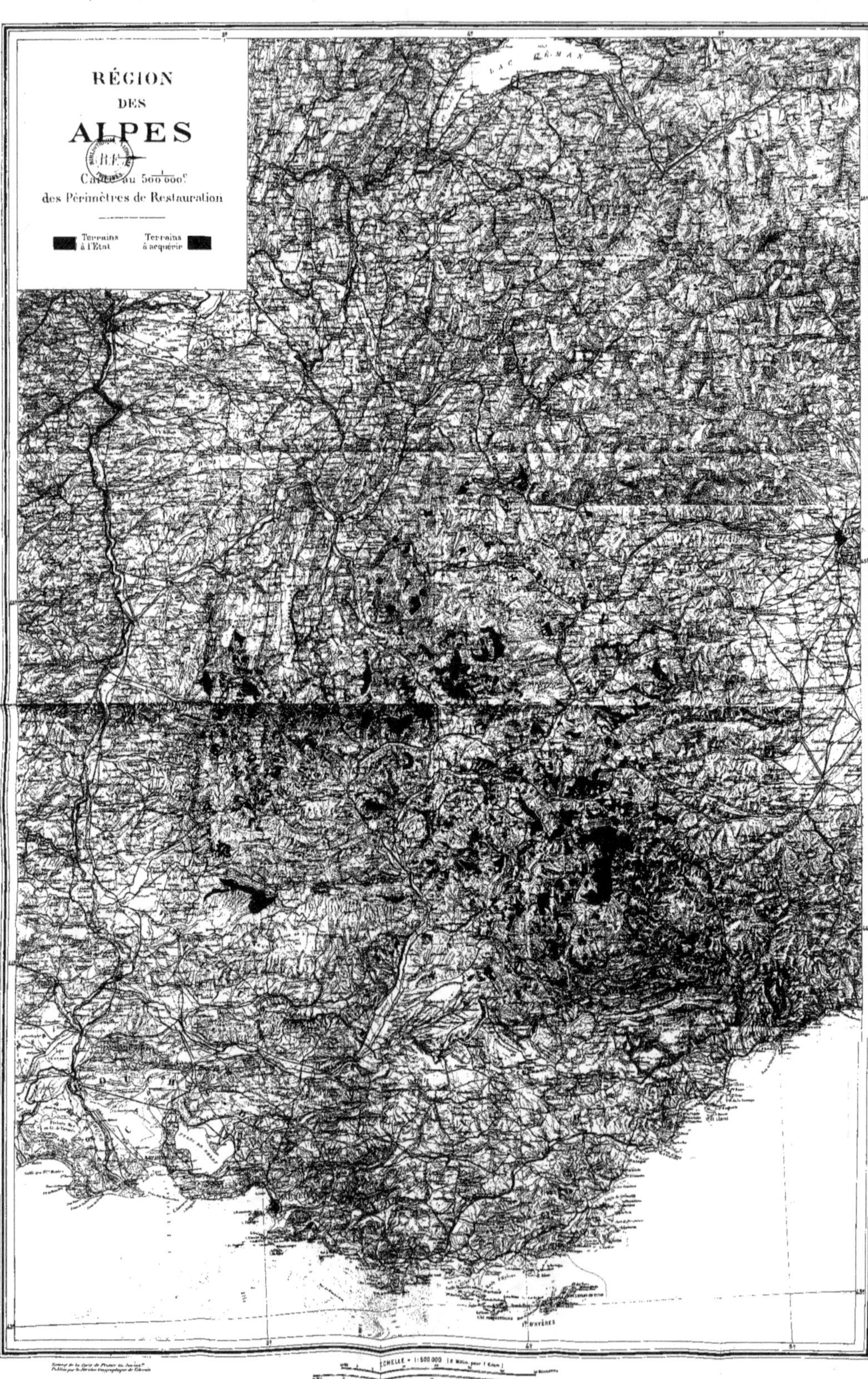

RÉGION
DES
ALPES
Carte au 500 000e
des Périmètres de Restauration
Terrains à l'Etat
Terrains à acquérir
LAC LÉMAN
Hyères
ÉCHELLE = 1:500 000

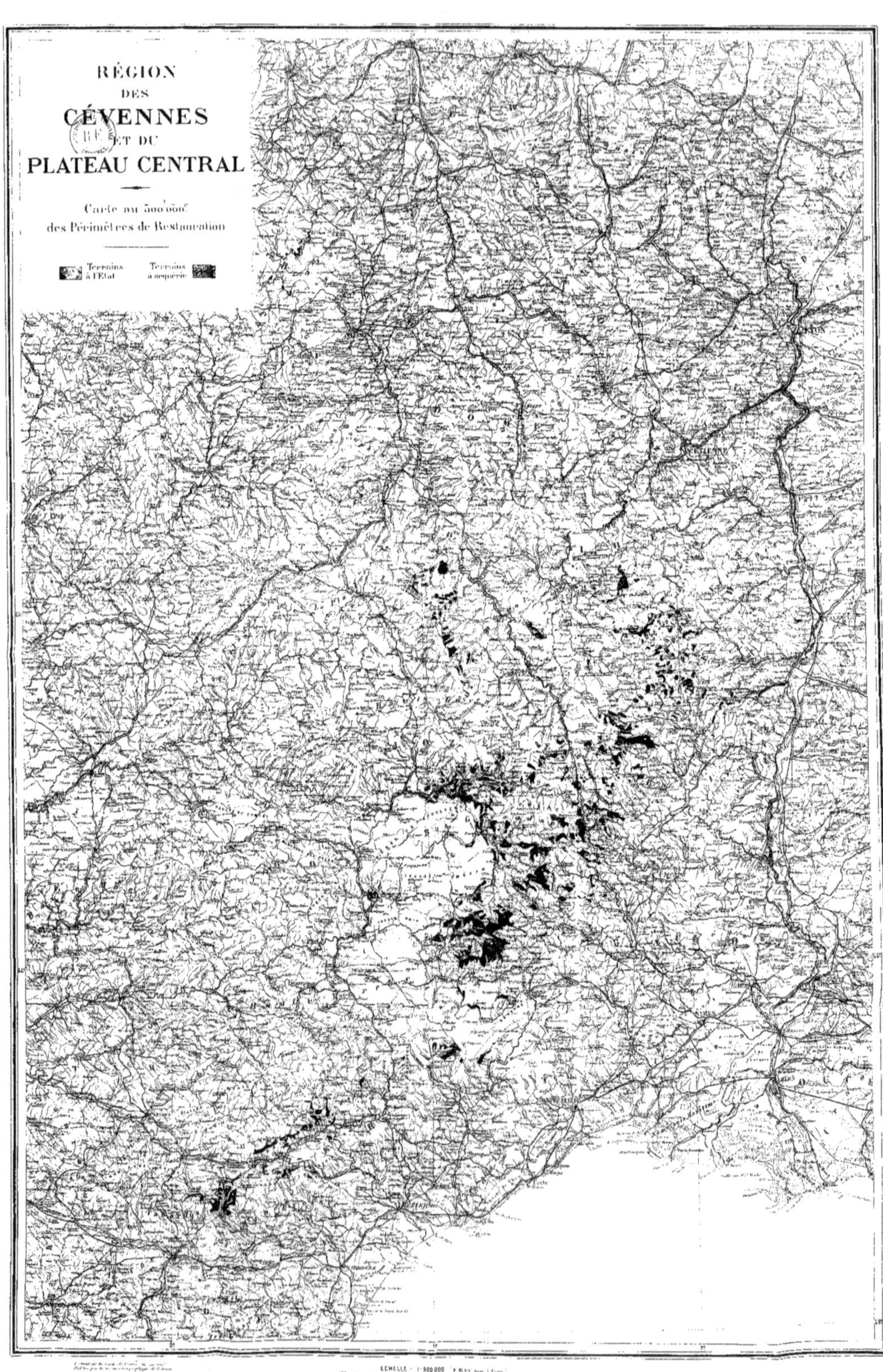

RÉGION
DES
CÉVENNES
ET DU
PLATEAU CENTRAL
Carte au 500 000ᵉ
des Périmètres de Restauration
Terrains à l'État
Terrains à acquérir
RÉGION
DES
CÉVENNES
ET DU
PLATEAU CENTRAL
ÉCHELLE : 1:500 000

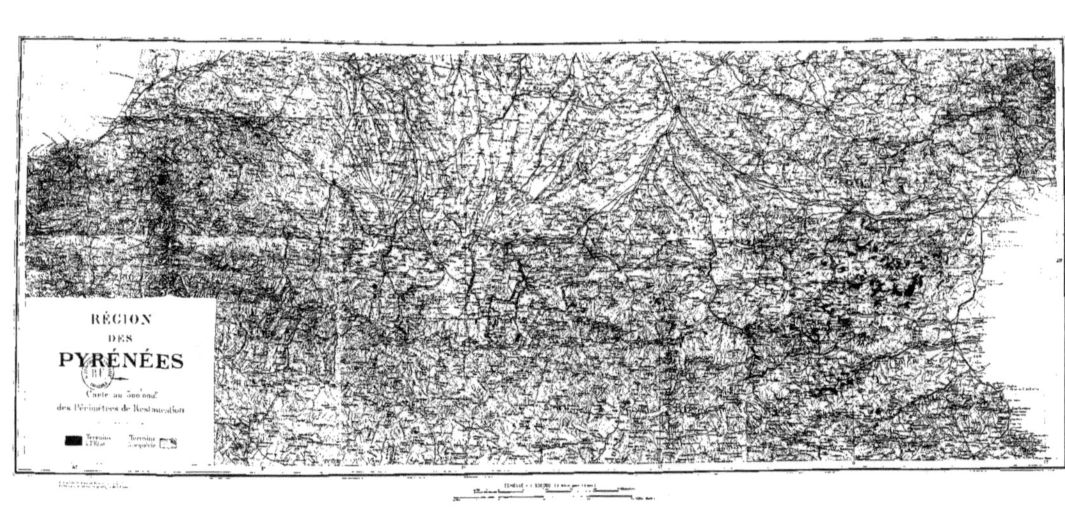
RÉGION
DES
PYRÉNÉES
RF
Carte au 500.000e
des Périmètres de Restauration
Terrains à l'État
Terrains à acquérir
Échelle : 1/500.000

TORRENT DE RIOU-BOURDOUX (Basses-Alpes).

VALLÉE DU SIOULET (Puy-de-Dôme).

TORRENT DU LAQU D'ESBAS (Haute-Garonne).